ÉTRANGES PHÉNOMÈNES

Les Radiations Humaines

ÉTUDES et TEXTES

DE

MM. les Drs CLARAC et LLAGUET.
Dr Gustave GELEY.
Dr CABANÈS.
J.-Marcel SOUM, Docteur ès Sciences, Agrégé de l'Université.
Dr H. PRUVOST, Pharmacien de 1re classe.

ET DEUX EXTRAITS DE JOURNAUX

BORDEAUX
IMPRIMERIES GOUNOUILHOU
9-11, rue Guiraude, 9-11

1921

ÉTRANGES PHÉNOMÈNES

Les Radiations Humaines

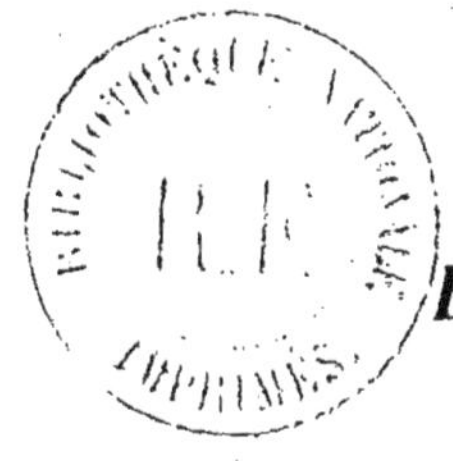

ÉTUDES et TEXTES

DE

MM. les Drs **CLARAC** et **LLAGUET**.

Dr **Gustave GELEY**.

Dr **CABANÈS**.

J.-Marcel SOUM, Docteur ès Sciences, Agrégé de l'Université.

Dr **H. PRUVOST**, Pharmacien de 1re classe.

ET DEUX EXTRAITS DE JOURNAUX

BORDEAUX

IMPRIMERIES GOUNOUILHOU

9-11, rue Guiraude, 9-11

1921

PRÉFACE

En hommage de reconnaissance pour les patientes observations et expériences auxquelles, pendant de longues années, a bien voulu s'appliquer à mon sujet M. J.-Marcel Soum, docteur ès sciences, agrégé de l'Université;

Pour les recherches expérimentales des docteurs Clarac et Llaguet et le rapport qu'ils ont publié en 1912;

Pour l'enquête qu'a bien voulu faire à propos de ces expériences M. le Dr G. Geley dans le laboratoire du Dr Llaguet,

J'ai tenu à réunir dans cette petite brochure les exposés sommaires de ces Messieurs et deux articles de journaux publiés sur ce sujet en 1912 et 1913, ne pouvant les reproduire tous et ne voulant pas dépasser le cadre que je me suis fixé.

J'aurais été heureuse d'y joindre le résultat des expériences très intéressantes que le Dr Llaguet a parfaitement réussies avec le professeur Baudroux, de la Faculté de Poitiers, sur les sels et cristaux en 1913. Ces expériences, vu la guerre, n'ont pu être publiées et seront sans doute l'objet d'un rapport ultérieur.

Mme X...

Bordeaux, 23 avril 1921.

UNE PROPRIÉTÉ ENCORE INCONNUE DES EFFLUVES HUMAINS

Nous connaissions depuis bientôt quatre ans Mme X..., et savions qu'elle conservait chez elle une série d'objets divers de nature organique, plantes et petits animaux morts, qui demeuraient indemnes de toute putréfaction.

M. X... affirmait que ces objets n'avaient jamais subi la moindre préparation artificielle, qu'elle les avait seulement touchés de ses mains, tous les jours, pendant un temps plus ou moins long; elle déclarait que, d'ailleurs, elle n'avait pas besoin de toucher ces objets, qu'il lui suffisait de leur imposer ses mains à distance, pour produire les mêmes résultats. Les plantes et les animaux, une fois stérilisés, n'avaient plus besoin d'être touchés, et paraissaient devoir se conserver indéfiniment : une belette notamment, tuée au fusil, reste encore aujourd'hui en parfait état depuis quatre ans; son pelage, admirablement conservé, présente un coloris au moins aussi vif que du vivant de l'animal.

Dans ces conditions, il était intéressant de soumettre les mains de Mme X... à une expérimentation méthodique et scientifiquement contrôlée. Mme X... s'y étant prêtée volontiers, nous avons procédé, dès le mois d'octobre 1911, aux expériences qui font le sujet de la présente communication.

Nous avons choisi quelques échantillons pris dans le règne végétal et dans le règne animal, et nous les avons déposés dans le laboratoire de l'un de nous, d'où ils ne sont jamais sortis.

Les uns de ces échantillons ont été touchés et maniés par Mme X...; les autres, simplement exposés à ses deux mains ouvertes, tous pendant 15 à 20 minutes, ces jours passés, jusqu'à dessiccation complète. Durant les séances, Mme X... cause tranquillement avec nous. Après chaque séance, nous reprenons les échantillons exposés ce jour-là, et les mettons, soigneusement enveloppés dans du papier, sous clef, à l'abri de toute autre intervention ou manipulation, dans un réduit du laboratoire. Toutes les expériences ont été, ainsi, scrupuleusement réalisées, et les voici, rapportées aussi fidèlement que possible.

Plantes et fleurs. — Une rose et une petite branche de muflier : dessiccation très rapide —en dix jours — conservation complète des coloris. Résistance de la feuille sur la tige.

Vin. — Dessiccation progressive — onze jours — sans altération. Pas de fermentation acide — alors qu'un échantillon de vin témoin s'est acidifié avec moisissures dès le troisième jour, en surface.

Mollusques. — Huîtres dites portugaises et ordinaires. Dessiccation progressive, complète en treize jours — sans putréfaction — alors que les témoins ont subi l'altération putride dès le neuvième jour, avec liquéfaction de l'ensemble et odeur repoussante.

D'autres huîtres, ayant déjà subi la décomposition et envahies par des larves de mouches, ont été soumises à l'action de Mme X... dans cet état : les vers ont quitté peu à peu le milieu favorable à leur développement, se sont répandus en dehors de la coquille et sont morts aussitôt. Trois ou quatre jours ont suffi pour tuer tous les vers. La masse en déliquescence s'est progressivement desséchée : la fermentation s'est arrêtée.

Poissons. — Deux cyprins morts — non vidés. Dessiccation rapide, trois jours, sans altération de forme ni odeur. Conservation de leur couleur; les yeux sont encore manifestement brillants.

Oiseaux. — Un chardonneret mort en cage — non vidé — dessiccation rapide — trois jours, rigidité progressive. Conservation, comme après l'emploi de l'arsenic; les couleurs, jaune de l'aile et rouge de la tête, au lieu de s'atténuer, deviennent, progressivement, plus intenses.

Un serin, mort en cage, — non vidé — abandonné deux jours avant d'être soumis à l'expérience déjà en voie de décomposition. Arrêt immédiat de la putréfaction, diminution progressive de l'odeur, dessiccation en cinq jours. Conservation définitive de la couleur dans les plumes, avec transformation, par places, de jaune clair faible en jaune serin très vif. Sur les deux oiseaux, les plumes restent très fortement adhérentes au corps.

Mammifères. - Lapin sacrifié par saignée.

Rate et foie — dessiccation commencée dès le premier jour avec affaissement des lobes, puis survient un ramollissement général sans signes manifestes de putréfaction; enfin, dès le troisième jour, dessication progressive, rapide, complète au bout de cinq jours.

Cœur et reins - raccornissement progressif sans ramollissement. Dessiccation complète en quatre jours.

Ces organes restent depuis un mois en observation : apparence et consistance de vieux cuir mal noirci, un peu ardoisé : pas trace de putréfaction.

Sang du lapin — était coagulé au début de l'expérience : — 10 centimètres cubes demeurés dans un récipient de verre. — S'est peu à peu liquéfié en trois jours; liquide vermeil, a persisté sous cette forme pendant vingt et un jours; les parois du récipient, par suite des mouvements du liquide, demeuraient d'un beau rouge; au bout de vingt et un jours, le sang est devenu de moins en moins fluide, jusqu'au vingt-huitième jour où il a paru desséché; il est resté constamment homogène.

L'examen microscopique pratiqué à plusieurs reprises, tous les trois jours, a montré d'une façon constante les globules dans un parfait état de conservation sans manifestation hémolytique dans aucune préparation. Le vingt-huitième jour encore, avant le moment où la masse homogène a pris assez brusquement la consistance solide, il avait été encore possible d'étendre sur une feuille de papier et une lampe de verre une couche uniforme de liquide semi-fluide, et l'examen microscopique a encore montré l'intégrité des globules. Actuellement, la masse desséchée reste d'une belle couleur pourpre, sans altération manifeste. Depuis hier seulement, on peut constater qu'elle se fendille à la surface.

Tels sont les faits, exposés dans leur vérité toute nue, avec le seul souci d'une scrupuleuse exactitude.

Est-il possible de les commenter dans l'état actuel de la science?

La parole est aux savants.

Bordeaux, le 24 juillet 1912.

Signé : Dr L. CLARAC, Dr B. LLAGUET.

Ce très intéressant rapport soulève une foule de questions au point de vue pratique et au point de vue théorique, questions qu'il ne nous est pas encore donné de traiter pour le moment.

Il nous suffira seulement de rappeler, d'une part, les expériences faites par le professeur Louis Favre et dans lesquelles Mme Ag. Schlœmer a servi d'opérateur. Ces expériences ont porté sur les effets de l'imposition des mains à distance sur le microbe dit *bacillus subtilis*, qui est considéré, avec le *bacillus anthracis*, comme le plus résistant des microbes connus; la graine choisie était celle du *lepidium sativum*, ou cresson alénois. L'action produite par la main sur les microbes et les graines a été très sensible (voir *Bulletin de l'Institut général psychologique*, année 1904, p. 282, et 1905, p. 135). Les expériences sur les microbes ont été récemment répétées par le Dr Gaston Durville sur le bacille d'Eberth, ou bacille de la fièvre typhoïde (Dr G. Durville : *Le sommeil provoqué*, H. et H. Durville, éd.).

Mais on comprend aisément combien les expériences de Bordeaux, signalées par les docteurs Clarac et Llaguet, sont importantes. Elles seront continuées et développées à divers points de vue.

D'autre part, notre distingué collaborateur, le Dr Gustave Geley, auquel nous devons la communication du rapport de MM. les Drs Clarac et Llaguet, doit se livrer à une enquête à ce sujet et nous faire part de ses impressions.

Nous reparlerons donc, au moment propice, avec détails, de ces étranges expériences, dont la portée peut être considérable.

En attendant, nous nous limiterons à faire noter que Mme X..., dont il est question dans le rapport ci-dessus, n'est pas un médium professionnel, et n'a aucun intérêt matériel, pas plus que les observateurs eux-mêmes, à la réussite de ces expériences.

(*Annales des Sciences Psychiques*, août 1912.)

LÉGENDE

N° 1. — Poisson, année 1906.
N°s 2 et 3. — Poissons, année 1908.
N° 4. — Petit chat noir, année 1913.
N° 5. — Tête de poulet, année 1910.
N° 6. — Tête de lapin, année 1912.
N° 7. — Cou de mouton sectionné par le milieu, année 1908.
N° 8. — Petit chat, année 1913.
N° 9. — Tête de lapin (renversée) avec poils, année 1912.
N° 10. — Reins d'un chien dans leur tissu graisseux, année 1912.
N° 11. — Oiseau, année 1906.
N° 12. — Foie de lapin, année 1912.
N° 13. — Oiseau, année 1910.
N° 14. — Huître, année 1912.
N° 15. — Oiseau, année 1903.
N° 16. — Melon, année 1909.

Objets pris dans la collection de Mme X... et photographiés le 21 avril 1921.

Dr H. PRUVOST.

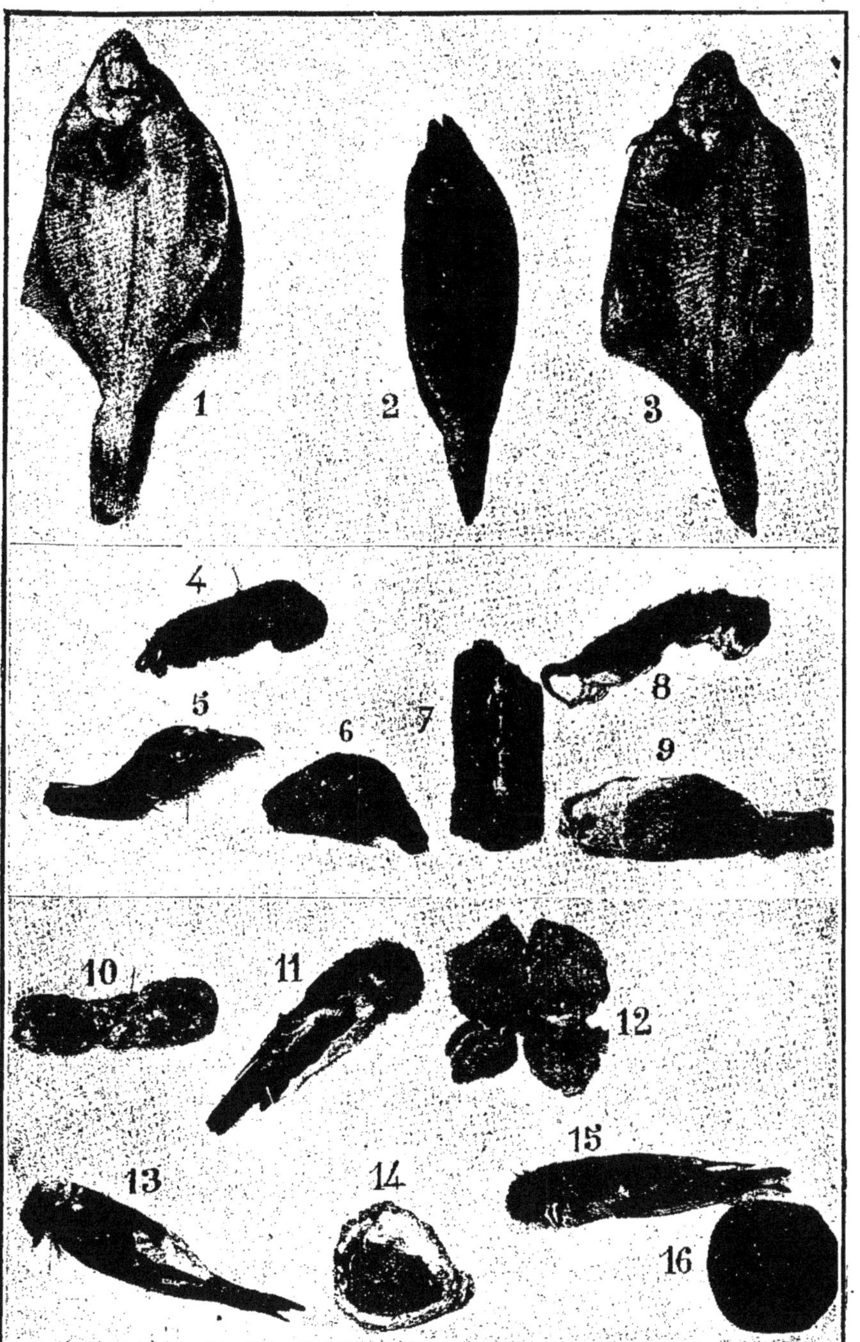
1
2
3
4
5
6
7
8
9
10
11
12
13
14
15
16

LES RAYONS DE Mme X...

D'après deux Médecins.

Ils empêcheraient de pourrir les plantes et les animaux.

Deux médecins de Bordeaux, les Drs Clarac et Llaguet, viennent de rédiger un procès-verbal constatant les singulières propriétés d'une dame qu'ils ne nomment que Mme X...

Cette dame conservait chez elle, depuis quatre ans, une série d'objets divers de nature organique, plantes et petits animaux morts, qui demeuraient indemnes de putréfaction. Elle affirmait que ces objets n'avaient jamais subi la moindre préparation artificielle, qu'elle les avait seulement touchés de ses mains tous les jours pendant un temps plus ou moins long ; elle déclarait que, d'ailleurs, elle n'avait pas besoin de toucher les objets, qu'il lui suffisait de leur imposer les mains à distance, pour reproduire les mêmes résultats. En un mot, elle stérilisait les objets, plantes ou animaux : ainsi, une belette tuée au fusil, il y a quatre ans, a conservé tout l'éclat de son pelage.

Cette dame n'est pas ce qu'on nomme un « médium », et elle est étrangère aux aberrations du spiritisme. Nous sommes là en présence d'un fait observé peut-être pour la première fois, mais purement physique.

Les Drs Clarac et Llaguet ont voulu constater ce phénomène selon une méthode rigoureusement scientifique. Ils ont choisi quelques échantillons dans le règne végétal et le règne animal, — échantillons pris par eux dans leurs laboratoires et qui n'en sortirent jamais. Ces échantillons ont été les uns touchés par Mme X... ; les autres ont été simplement exposés à ses mains ouvertes, pendant quinze à vingt minutes, et jusqu'à dessiccation complète. Cela se fit, bien entendu, sans sommeil hypnotique et en pleine lumière ; Mme X... causait chaque fois librement, comme une personne en visite. Les objets soumis à ses mains étaient enveloppés, étiquetés, mis sous clef et manipulés exclusivement par les deux médecins.

Résultats :

Une rose, après dix jours, s'est desséchée, mais a conservé son coloris.

Une huître s'est desséchée en treize jours, sans putréfaction ni odeur, — alors que les huîtres-témoins ont subi l'altération putride dès le troisième jour.

Des huîtres envahies par des larves de mouches, dont la décomposition avait commencé, ont été soumises à l'action de Mme X... Les vers ont quitté peu à peu le milieu défavorable à leur développement, se sont répandus hors de la coquille et sont morts aussitôt. La fermentation s'est arrêtée.

Le procès-verbal note :

« Un chardonneret mort en cage — non vidé — dessiccation rapide — trois jours, rigidité progressive — conservation, comme après l'emploi de l'arsenic : les couleurs, jaune de l'aile et rouge de la tête, au lieu de s'atténuer, deviennent progressivement plus intenses. »

« Lapin sacrifié, par saignée. — Rate et foie : dessiccation commencée dès le premier jour avec affaissement des lobes ; puis survient un ramollissement général, sans signes manifestes de putréfaction ; enfin, dès le troisième jour, dessiccation progressive, rapide, complète au bout de cinq jours. »

Le sang est resté un liquide vermeil pendant vingt et un jours, puis a paru se dessécher. L'examen microscopique pratiqué à plusieurs reprises, a montré d'une façon constante les globules dans un parfait état de conservation, sans manifestation hémolytique, sans aucune préparation. La masse

***

desséchée est restée d'une belle couleur pourpre, sans altération manifeste.

Les deux praticiens terminent leur procès-verbal, daté du 24 juillet 1912, et que publient les *Annales des Sciences Psychiques*, sur ces mots très prudents et très sages :

« Tels sont les faits exposés dans leur vérité toute nue, avec le seul souci d'une complète exactitude.

» Est-il possible de les commenter dans l'état actuel de la science?

» La parole est aux savants. »

Ces expériences exclusivement scientifiques peuvent être le point de départ d'observations fort intéressantes. Nous avons voulu être des premiers à les signaler dans la presse quotidienne. Il est à présumer que les savants nous donneront la clef de ce qui est encore à nos yeux un des mystères de cette merveille si peu connue qu'est le corps humain.

(L'*Eclair*, 23 septembre 1918.)

MON ENQUÊTE

Sur les Facultés de Mme X... de Bordeaux (1).

MESDAMES,
MESSIEURS,

Ce n'est pas une conférence que je ferai ce soir devant vous. Je devrai me contenter de vous faire part de quelques notes, jetées à la hâte sur le papier à mon retour de Bordeaux.

J'étais allé dans cette ville pour enquêter sur les phénomènes relatés par mes confrères, les Drs Clarac et Llaguet. Il s'agit, vous le savez, de phénomènes de momification dus ou paraissant dus à des effluves, d'une nature encore indéterminée, émis par un sujet spécial, une dame qu'on a appelée Mme X...

Permettez-moi, avant tout, de bien poser la question telle que j'ai l'intention de la traiter. Il importe, en effet, d'éviter tout malentendu.

Un jour, vous parlant, ici même, de la méthode en métapsychisme, j'exprimai cette opinion, contraire à celle de psychistes éminents, que, dans nos études, les faits, quelqu'intéressants qu'ils fussent, étaient relativement peu de chose, que leur interprétation seule était, au point de vue scientifique et au point de vue philosophique, la question capitale et essentielle.

Pour les phénomènes de Mme X..., je soutiens encore la même opinion. Les momifications sont réelles; depuis dix ans,

(1) Conférence faite à la « Société Universelle d'Études Psychiques » section de Paris, le 27 octobre 1912.

elle a réussi, avec un succès constant, à momifier une quantité innombrable d'organismes végétaux ou animaux.

Le fait est vrai, évident, certain. Il ne comporte, je l'affirme sans réserve, aucune supercherie, aucun truc. Mais ce fait évident serait banal si on ne cherchait pas à le comprendre.

Pour dire nettement ma pensée, la question capitale qui se pose est celle-ci :

Ces momifications constituent-elles un phénomène spontané, indépendant des effluves réels ou supposés de Mme X..., ou sont elles dues à ses effluves?

Dans le premier cas, les faits perdent toute signification; dans le deuxième, ils présentent, au point de vue physiologique et philosophique, des conséquences incalculables. A mon avis, pour les raisons que je vous exposerai et en considération de la grande quantité d'objets momifiés; en considération de la réussite constante des tentatives de Mme X..., mon opinion est favorable à l'authenticité, à la réalité de ses facultés spéciales; mais, ai-je besoin de vous le dire, Mesdames et Messieurs, c'est là une impression personnelle; impression réfléchie, impression documentée; mais enfin impression basée sur une enquête de deux semaines seulement. C'est dire que je ne saurais, en ma qualité d'homme de science, vous la donner comme une conclusion définitive. Je me propose donc simplement de vous exposer ce que j'ai vu, de vous dire ce que j'en pense, sans hésitation, sans faiblesse, mais avec la réserve qu'impose l'importance du problème. Il ne s'agit pas, pour un homme de science, de ne pas se tromper. L'évolution scientifique se poursuit à travers les erreurs; parfois par le fait même de ces erreurs. Ce qu'il importe, c'est d'être de bonne foi; ce qu'il importe, surtout, c'est d'avoir le courage de dire ce que l'on croit être la vérité, alors même et surtout que l'on juge contrairement à des opinions reçues et pour ainsi dire officielles.

Vous avez tous lu, dans les *Annales des sciences psychiques*, le remarquable rapport des Drs Clarac et Llaguet. Mon premier devoir est de vous présenter mes confrères bordelais car ils ne font pas partie de notre Société ; ils étaient demeurés, jusqu'à présent, étrangers à nos études et vous étaient sans doute inconnus avant leur article des *Annales*.

Le Dr Clarac est l'un des praticiens les plus en vue de Bordeaux. Il a publié, entre autres travaux, des mémoires très intéressants et très précieux sur le traitement du cancer par les sels d'arsenic.

Le Dr Llaguet est un chimiste éminent qui s'est spécialisé dans les recherches de laboratoires. Ses principaux mémoires et travaux portent sur la fonction biliaire et sur la toxicité urinaire. Il a été professeur suppléant à la Faculté de Poitiers avant d'être chargé de cours à celle de Bordeaux. Vice-président de la Société Linnéenne, l'une des Sociétés savantes les plus anciennes et les plus renommées de la région bordelaise, il vient d'être désigné pour la présidence de cette Société.

Vous voyez qu'on peut avoir toute confiance dans l'esprit scientifique et la haute capacité des observateurs de Mme X... J'ajoute que leur conscience et leur dévouement sont au-dessus de tout éloge. J'ai dit leur dévouement et en effet, Mesdames et Messieurs, il leur a fallu un véritable courage pour révéler au grand jour, pour affirmer publiquement des faits aussi nouveaux et aussi étranges. Vous ne trouverez pas que j'exagère, lorsque je vous aurai dit que depuis dix ans déjà Mme X... pratique ses expériences, avec un succès constant; qu'elle a été l'objet d'observations de la part d'un grand nombre d'hommes de science et de médecins; mais qu'aucun de ces derniers, jusqu'à ce jour, n'avait osé en faire part au grand public.

Je suis donc heureux d'avoir l'occasion de rendre ici, aux Drs Clarac et Llaguet, l'hommage justifié qu'ils méritent, et cela quel que soit l'avenir réservé à leur étude; et, au nom de la Société d'Études Psychiques, de leur dire, de tout cœur : merci.

Mon premier soin, en arrivant à Bordeaux et après avoir vu mes confrères, a été d'étudier médicalement et physiologiquement Mme X...

Mme X... est une femme d'environ cinquante ans, d'une santé physique et psychique parfaite. Elle ne souffre d'aucune tare névropathique. D'autre part, sa bonne foi est absolue et son dévouement sans limites. Elle se prête, de la meilleure grâce du monde, à tous les essais, à toutes les expériences, parfois assez dures, qu'on lui demande. Elle y sacrifie sans compter son temps et sa peine. J'ajoute qu'elle fait cela dans le seul but de faire connaître ce qu'elle croit être la vérité; qu'elle n'accepte aucune rémunération : enfin que sa modestie est si grande qu'elle refuse de dévoiler son incognito. Elle entend, elle me l'a répété maintes fois catégoriquement, être et rester Mme X...

J'ai assisté, pendant deux semaines, à ses expériences. Je restais près d'elle, prenant des notes en la regardant. Voici comment elle opère : elle dispose sur une table les objets (cadavres, végétaux ou animaux) à influencer. Pendant mon séjour à Bordeaux, nous lui avions donné jusqu'à trente pièces à influencer à la fois. Les objets étant étalés, elle place ses deux mains au-dessus d'eux à quelques centimètres de distance. Parfois elle fait des passes avec le bout des doigts ou la paume de la main. De temps en temps, elle retourne les objets pour les influencer de tous les côtés, mais ces manœuvres ne semblent même pas nécessaires : les objets placés près d'elle, simplement dans son ambiance immédiate, seraient influencés aussi, sans qu'elle mit les mains dessus.

Les séances durent environ un quart d'heure; elle en fait une, parfois deux par jour.

Après chaque séance, elle enveloppe les objets dans une feuille de papier et on les range ensuite sous clé, dans un placard où personne ne peut les approcher.

Pendant les séances, elle est, au point de vue psycho-physiologique, dans un état absolument normal. Elle cause tranquillement de sujets quelconques. Elle n'éprouve aucune fatigue consécutive. Elle opère indifféremment au jour ou à la lumière artificielle, en été comme en hiver, qu'elles que soient les conditions atmosphériques et climatiques. *Elle m'a affirmé qu'elle n'avait jamais eu d'échec.*

J'ai observé soigneusement, avec les Drs Clarac et Llaguet, le processus des phénomènes produits.

Voici ce qui se passe :

Les plantes paraissent très vite stérilisées. Elles se dessèchent en conservant leur coloris : les feuilles (remarque importante) restent toujours très adhérentes à la tige.

Les petits animaux ne subissent pas la moindre putréfaction. Ils se dessèchent peu à peu et demeurent ensuite momifiés, sans modification ultérieure appréciable, même après plusieurs années.

C'est ce qui se passe, par exemple, pour les petits poissons, les petits mollusques ou crustacés, et même pour les petits oiseaux.

Les animaux plus gros, tels que les gros oiseaux, les petits mammifères, etc., se conservent frais très longtemps. Alors qu'ils devraient, normalement, être en pleine putréfaction, ils présentent encore l'apparence de la mort récente et ne dégagent aucune odeur. Peu à peu, cependant, au bout de dix, quinze, vingt jours ou davantage, suivant la saison et suivant le volume de l'animal, la situation change et une nouvelle phase apparaît. On observe un commencement de putréfaction. Mais cette putréfaction n'est qu'ébauchée, et se manifeste uniquement par une odeur, très atténuée. Il n'y a pas de ballonnement de l'animal, pas de dégagement interne de gaz putrides, *pas de liquéfaction.* Les tissus cutanés, c'est-à-dire ceux qui ont été le mieux soumis aux effluves de Mme X..., ne subissent aucune modification. Alors, très vite, survient la troisième phase, celle de la dessication : les tissus se rétractent, l'odeur disparaît, la momification commence. Elle est complète généralement au bout de deux, trois, quatre ou cinq semaines. Dès lors l'animal semble devoir se conserver indéfiniment. Les poils, les plumes restent très adhérents; les couleurs sont conservées; l'animal est aussi bien, sinon mieux conservé qu'un animal empaillé. Quand l'animal est fait, suivant l'expression de Mme X..., elle le laisse de côté et ne s'en occupe plus.

Ce qui est plus extraordinaire encore, c'est que, si l'on soumet à Mme X... un cadavre déjà en pleine putréfaction, cette putréfaction est arrêtée net en deux ou trois séances, l'odeur disparaît et la dessication commence.

Quand le cadavre contient des parasites, tels que des larves de mouches, ces parasites semblent ne plus pouvoir vivre dans leur milieu d'élection. Dès les premières séances on voit les larves abandonner à la hâte leur proie et venir autour d'elle où elles meurent rapidement, pendant que cette dernière se momifie.

La fermentation putride n'est pas la seule à être influencée et gênée par les effluves de Mme X... On a obtenu des résultats comparables avec d'autres fermentations : la fermentation acétique du vin est empêchée; la fermentation alcoolique du glucose est retardée.

Une question intéressante, que beaucoup de vous se sont peut-être posée, méritait d'être résolue; c'est celle de l'origine de l'étrange faculté de Mme X... Je lui ai demandé comment elle s'était aperçue de cette faculté. Elle m'a écrit un petit récit, très curieux, que je me permets de vous lire tel quel, sans y rien toucher, pour ne pas lui enlever de sa saveur; je me contenterai de remplacer les noms propres des observateurs qui n'ont pas voulu se mettre en avant, par des pseudonymes.

Voici le récit :

MONSIEUR LE DOCTEUR,

En 1900, avant de partir pour Paris (pour l'Exposition) le 23 juin, je recommandais à ma domestique d'emporter les oranges qui restaient dans le fruitier dans la crainte de la moisissure. (Ces oranges étaient là, depuis deux mois et avaient diminué de volume).

En entrant, le 19 juillet, je trouvais dans mon salon une bruyère très sèche comme feuillage, avec une quantité de fleurs considérable. En l'époussetant avec le plumeau, à mon grand étonnement, les fleurs ne tombaient pas. Un petit pot de capillaire, qui était dans un bibelot, semblait avoir du fil de fer comme branchage, et les feuilles très vertes et sèches ne tombaient pas. Dans ma salle à manger, je trouvais mes oranges oubliées par la bonne et momifiées... N'y pensant plus, nous partîmes pour la campagne.

A la rentrée (en novembre), je recevais une dame amie, et dans la conversation je parlais de mes fleurs et des oranges.

Au printemps, elle revint, et devant le Dr Martin, ami de la maison, reparla de mes fleurs et fruits : « Oh, dit-elle, combien je voudrais être après ma mort ensevelie *dans la cave* de Mme X... pour ne pas pourrir ! » « Oui, répondit le docteur, les pierres y sont peut-être pour quelque chose »; et en archéologue qu'il est, il voulut en faire l'expérience immédiatement. Il pria la servante d'aller acheter six oranges, les plaça lui-même dans les chambres, cabinet de toilette, salon et salle à manger *hors portée des mains indiscrètes*, puis revint huit jours après : *les oranges étaient à demi moisies*. « Ah ! dit-il, ce n'est pas la maison. » « Permettez, docteur, lui dis-je, que je les touche chaque jour et nous verrons ! *si c'était moi !* » ajoutai-je étourdiment. Il sourit et un mois après, je lui montrais les oranges qu'il avait marquées lui-même : elles étaient durcies, surtout à la partie moisie plus qu'au côté sain. Grand fut son étonnement ! « Oh ! dit-il, c'est à voir !... dès que je trouverai dans le piège une souris je vous la soumettrai. » « Non certes, lui dis-je, gardez-vous-en bien ! elle se pourrirait et infecterait ma maison, laissez-la dans votre laboratoire. » (Et tous deux de rire...) Les choses en restèrent là, les vacances, la campagne, puis l'hiver et, en février ou mars, Mme Gauthier se trouvant avec le père de M. Durand, professeur agrégé de sciences au Lycée de B..., reparla de mes oranges, voulut revoir ma bruyère (qui se maintenait et qui se maintient encore malgré les douze ans passés) et dit : « Il faudrait la science pour savoir le pourquoi. » Il faut dire que j'avais ajouté d'autres oranges aux premières (conservées aussi en les touchant; des fraises même augmentaient ma collection). Or, M. Durand, le père, dit : « Je vais en parler à mon fils. » Le lendemain, la jeune femme de ce dernier vint m'embrasser (ce sont des amis), et se rendre compte, de la part de son mari.

Le professeur, à son tour, vint et très étonné dit : « C'est curieux ! » Il me fit influencer des plaques; puis les vacances arrivèrent, la rentrée et finalement, pour la Noël, *il me porta deux oiseaux :* un verdier et un moineau, tués pendant les fêtes passées au Médoc. En me les donnant il sourit en disant : « Si vous les conserviez en les touchant, il y aurait de quoi le dire à Paris ! mais sûrement cela n'aura pas lieu. » Ces oiseaux furent visités chaque semaine par lui et durèrent deux mois avant de se momifier (il est vrai que c'était l'hiver).

Le Dr Martin les avait vus lors de sa visite du premier de l'an ; il revint deux fois pour s'en rendre compte et disait : « Si vous étiez née il y a deux cents ans seulement l'on vous aurait brûlée vive... » et moi de rire ! Un jour même, il dit : « Si vous étiez marchande de gibier, vous conserveriez votre marchandise. » Le Dr Dupont s'en émut aussi et, en ami, me conseilla de continuer les expériences. M. Brun, naturaliste distingué (et ami) aussi, en fut ému. M. Dufour, professeur à la Faculté des sciences, autre ami encore, s'en étonna également ! Enfin, le Dr Clarac vint à son tour, et, avec M. Durand, professeur, ils suivirent l'expérience du vin et de la belette. Puis, le Dr Bouvier (de la Charente) et le Dr Clarac, tous deux se concertèrent, s'unirent et, finalement, avec le Dr Llaguet, la chose fut décidée et les expériences se firent dans le laboratoire de ce dernier et soumises au Dr Geley.

Telles sont les phases de ce fluide qui ne fait pas osciller l'aiguille aimantée ni la boussole. Et tel a été le point de départ du tout.

Les pièces ainsi momifiées par Mme X... ne se comptent plus. Il y a un véritable musée chez elle et chez le Dr Llaguet. Elle en a distribué aussi à la plupart des médecins qui l'ont examiné.

Toutes les pièces, qu'il s'agisse de fleurs, de feuilles et autres végétaux ou d'animaux, ont une apparence identique : elles sont desséchées, momifiées, mais intactes. Il semble vraiment qu'il ne leur manque que l'eau contenue dans les organismes vivants.

Je vous rappelle que Mme X... n'a jamais eu d'échec. Il est vrai qu'elle n'a encore entrepris que des animaux relativement petits : le plus gros est un chien qu'elle est en train de momifier et qu'elle paraît devoir réussir.

Je vais maintenant vous montrer, en projections, quelques-uns des objets stérilisés et momifiés; après quoi je terminerai par un essai d'interprétation rationnelle du phénomène.

1re projection : *fruits* : orange, fraises, prunes.

Il suffit de les hydrater convenablement pour leur rendre leur parfum et même dans une certaine mesure leur saveur. C'est d'ailleurs ce qui se produit pour les prunes séchées au soleil; mais non pour les fraises qui moisissent et se décomposent.

2e projection : *poissons plats.*

Je n'attribue pas une importance capitale à ces momifications de poissons. Les poissons se momifient assez facilement; dans d'autres conditions il est vrai.

3e projection : *poissons allongés :* anguilles.

4e projection : *poissons renflés* : cyprins, rouget, sardine. Le rouget, on le sait se putréfie très vite.

5e projection : *têtes de poulets* avec la cervelle, bien entendu; les plumes sont très adhérentes.

6e projection : *Oiseaux* non vidés : canaris, chardonneret. D'un coloris admirable, aussi frais que des oiseaux empaillés, sans avoir l'apparence de vie que leur donnent artificiellement les empailleurs.

7e projection : *côtelettes de mouton*, momification parfaite, très dures.

8e projection : *viscères* : rate, foie, poumon et trachée, un cœur, deux reins, un cou, un foie, très ancien; sur le foie traces des vers qui pullulaient avant l'action de Mme X...

9e projection : *belette* tuée il y a quatre ans; elle était déjà en putréfaction quand commencèrent les expériences. Son ventre était très ballonné; forte odeur. Mme X... ne croyait pas au succès et ne fit l'expérience qu'à contre-cœur. Cependant réussite complète. La momification est absolue et la conservation parfaite. Le coloris est intact. Pas un poil ne manque.

10e projection : *tête de lapin* : à peine achevée, a été faite sous mes yeux.

Ces pièces ne constituent qu'une très faible partie, je le répète, des organismes momifiés depuis dix ans par Mme X...

Il s'agit maintenant, Mesdames et Messieurs, d'essayer de comprendre ce qui se passe, d'expliquer le phénomène. Et d'abord, la première question qui se pose est une question préjudicielle : Le phénomène existe-t-il? *Je veux dire est-ce un phénomène spontané ou un phénomène soumis à la dépendance de Mme X...?*

Avec toutes les réserves et la prudence qu'impose l'importance du sujet, je vous dirai qu'avec les Drs Clarac et Llaguet, je crois à la réalité du phénomène.

Sans doute les momifications d'organes ou d'organismes peuvent se produire spontanément, et je reviendrai, tout à l'heure, longuement sur ce fait qui permet, dans une certaine mesure, l'interprétation des facultés de Mme X... Mais, il faut bien l'avouer, ces momifications spontanées sont rares; elles ne sont, presque toujours, *spontanées qu'en apparence* et dues à l'intervention d'agents physiques ou chimiques bien déterminés. Or, dans les pièces soumises à Mme X..., la momification est constante, sans l'intervention d'aucun agent physique ou chimique.

Qu'un petit poisson se momifie spontanément pour peu qu'il soit à l'abri des mouches, cela se conçoit et s'observe. Que des viscères, du sang, que des animaux relativement gros, comme une belette, subissent *toujours* la même momification, cela ne se conçoit plus.

2e argument : les expériences des Drs Llaguet et Clarac ont été faites avec des « témoins » soustraits à l'influence de Mme X...

Or, ces témoins ont subi une complète putréfaction, bien que placés dans les mêmes conditions physiques et ambiantes. Les huîtres témoins, par exemple, se sont liquéfiées, puis pour ainsi dire gazéifiées et ont disparu ne laissant que les coquilles vides, alors que les huîtres influencées se momifiaient.

3e argument : *arrêt de la putréfaction* : Ce n'est pas là un phénomène spontané. On n'a jamais vu un cadavre en pleine putréfaction et plein de vers se conserver et se momifier sans l'intervention d'agents physiques ou chimiques extrêmement actifs (et encore je ne sais pas si cette intervention réussirait).

4e argument : *comparaison avec d'autres fermentations.* La fermentation acétique du vin est empêchée (alors que le vin témoin se transforme en vinaigre).

La fermentation alcoolique du glucose est retardée.

Un physicien des plus distingués me disait hier qu'à son avis, ces expériences sur les fermentations étaient ce qui le frappait le plus. Aussi seront-elles continuées et variées.

Le phénomène de momification, sous une influence émanée de Mme X..., semble donc démontré.

Comment l'interpréter? Ici deux questions se posent :

1o *Quel est le processus intime du phénomène?*

2o *Quel est l'agent cause de ce processus?*

La première question est relativement facile à résoudre.

Elle ne peut l'être, malheureusement, qu'à condition d'entrer dans des détails, je ne dirai pas répugnants (il n'y a rien de répugnant pour la science), mais tout de même un peu spéciaux, puisqu'il s'agit du mécanisme interne de la désagrégation putride. Vous voudrez donc bien m'excuser d'entrer dans ces détails indispensables.

Que se passe-t-il normalement quand un organisme végétal ou animal est mort? Cet organisme se trouve en proie à deux tendances naturelles, mais, chose curieuse, opposées :

A) *La première tendance est la deshydratation, la dessiccation :* Le cadavre, privé des apports perpétuels d'eau, venues du dehors pendant la vie, devrait se dessécher spontanément et se momifier.

C'est ce qui arrive parfois : c'est ce qui arriverait toujours s'il n'y avait pas intervention de la deuxième tendance naturelle.

B) *Cette deuxième tendance naturelle est la putréfaction.* Elle est due aux infiniment petits, aux microbes.

Sous l'influence des microbes se produit dans le cadavre une fermentation spéciale; les matières organiques se liquéfient, puis se transforment en gaz dont les principaux sont l'hydrogène sulfuré et l'ammoniaque. Dès lors, plus ou moins rapidement, suivant les conditions ambiantes, l'organisme putréfié disparaît totalement, à l'exception des parties composées de matières minérales, squelette, coquilles, carapaces, lesquelles durent infiniment plus longtemps.

Le processus normal de putréfaction est accéléré, le plus souvent, par l'invasion de parasites dont les matières cadavériques constituent le milieu favorable à leur développement. Les parasites sont surtout les moisissures et les larves des mouches.

Ainsi donc, dans la nature, deux processus opposés se disputent, pour ainsi dire, les organismes privés de la vie; l'un tendant à la dessication, la momification et la conservation relative; l'autre tendant à la putréfaction et à la destruction totale.

De ces deux processus contraires, le premier est le moins puissant : il l'emporte cependant souvent chez un certain nombre de petits animaux, tels que les astéries, certains coléoptères, etc. Il peut l'emporter aussi, quoique beaucoup plus rarement, chez d'autres animaux, pour peu qu'ils soient mis à l'abri des moisissures ou des larves; c'est ce qui se voit pour quelques petits poissons, tels que les hyppocampes, qui se dessèchent généralement sans pourrir.

Le processus dessicatif l'emportera encore, même chez de plus gros animaux, mais à la condition d'une aide favorisante luttant contre la putréfaction.

L'irradiation solaire est l'une des plus connues; *la composition, d'ailleurs encore mal déterminée, de certains terrains*, agit de même, dans des cas très rares il est vrai. C'est ainsi qu'on a retrouvé parfois, dans ces terrains, les cadavres momifiés, et même des cadavres humains. Enfin, *l'action des antiseptiques* est employée journellement pour la conservation des cadavres; mais on sait à quelles difficultés l'on se heurte dans les pratiques dites de l'embaumement et de l'empaillage.

Tout le monde connaît les procédés de l'antique Égypte pour les momifications (éviscération totale, emploi de substances aromatiques et antiseptiques, enveloppement du cadavre dans des séries de bandelettes, etc.).

Pour l'empaillage, ce n'est pas moins compliqué. Voici quelques renseignements que je crois intéressants de vous donner à ce sujet :

Les opérations de l'empaillage sont très complexes et délicates :

1º La première est l'écorchage : on ne garde que la peau et le crâne;

2º La deuxième est le curetage parfait du crâne, pour enlever la cervelle, par un trou fait exprès.

3º La troisième est le desséchage de la peau par le plâtre pulvérulent;

4º La quatrième est le badigeonnage interne avec des antiseptiques puissants, spécialement de la pâte ou de la poudre arsenicale;

5º La cinquième est le badigeonnage externe, entre les plumes ou les poils, avec une solution concentrée de sublimé;

6º La sixième est le bourrage de la cavité avec de la filasse imbibée d'arsenic;

7º Enfin, la septième est le montage, qui ne nous intéresse pas.

Vous voyez combien il est difficile de conserver un cadavre et de réaliser le processus normal de momification.

Quoi qu'il en soit, je le répète, le processus de dessication et de momification n'a rien de mystérieux en lui-même. *C'est le processus naturel qui se produit quand la putréfaction est empêchée.*

Nous avons tenté, avec Mme X..., des expériences tendant à démontrer que c'était bien ainsi que les choses se passaient sous son action :

Quand nous empêchions artificiellement la dessiccation (par des moyens qui feront l'objet de publications ultérieures), la putréfaction se produisait, simplement retardée, mais on pouvait l'interrompre à volonté, dès qu'on laissait la dessiccation s'opérer.

Donc, il semble certain que l'action de Mme X..., si elle existe, comme nous le croyons, est une action stérilisatrice, empêchant ou du moins *gênant suffisamment la pullulation des parasites microbiens ou autres*, et permettant, par suite, au processus naturel de dessiccation de l'emporter sur le processus opposé de putréfaction.

L'action stérilisatrice de Mme X... est-elle directe ou indirecte? Agit-elle, en d'autres termes, sur les parasites pour les détruire, ou sur leur milieu ambiant pour le leur rendre réfractaire?

Notre impression actuelle (mais ce n'est qu'une impression) est qu'il s'agit d'une stérilisation indirecte : l'action de Mme X... favoriserait la résistance des tissus et les rendrait inaptes à la putréfaction.

Maintenant se pose la deuxième question : *celle de la nature même de l'agent stérilisateur.*

Là nous en sommes réduits à de pures hypothèses.

En tout cas, il ne s'agit sûrement pas d'une action médiumnique. Il n'y a dans les expériences de Mme X... aucun des caractéristiques du médiumnisme.

S'agit-il de ce qu'on appelle magnétisme?

S'agit-il d'une radio-activité humaine inconnue? Nous n'en savons rien.

En tous cas, ce qui est certain, si les phénomènes de Mme X... sont vrais, c'est qu'il y a extériorisation, émission en dehors d'elle d'une force inconnue, capable cependant *d'une action organique puissante et profonde.* Or, ce serait là une découverte dont il suffit, pour faire saisir l'importance capitale, de dire qu'elle renverserait l'un des dogmes les plus tenaces de la psycho-physiologie classique : celui qui refuse, de parti pris, d'admettre les actions à distance de l'organisme humain.

Sans doute, des réserves s'imposent encore.

Je ne vous ai rien caché des doutes, doutes légitimes, doutes nécessaires, qui viennent, bon gré, mal gré, à la pensée.

Les expériences devront être répétées, variées, multipliées. Elles sont du reste faciles, ne nécessitant aucune des conditions complexes, si délicates du médiumnisme.

Donc, n'affirmons rien trop vite, n'affirmons rien encore d'une manière absolue. Sachons patienter.

Le jour, en effet, où la démonstration des facultés de Mme X.. sera évidente pour tous et ne pourra plus faire l'objet du moindre doute, de la moindre équivoque, ce jour-là, Mesdames et Messieurs, marquera une étape décisive dans la progression des études métapsychiques.

Dr Gustave GELEY.

Société Universelle d'Études Psychiques.

SECTION DE PARIS

Conférences de MM. le Dr G. GELEY et Ed. DUCHATEL.

On a vu rarement la salle de la S. U. E. P. aussi bondée de public qu'elle l'a été dans l'après-midi du 27 octobre pour la réouverture des travaux de la Section parisienne.

M. de Vesme, président, en présentant M. le Dr Geley, qui devait faire connaître les résultats de son étude sur *Les phénomènes qui se produisent par l'imposition des mains de Mme X..., de Bordeaux*, et qu'il avait été contrôler sur place, afin de faire mieux comprendre l'importance de cette affaire, lut quelques lignes d'une lettre d'un savant très estimé, occupant une situation officielle considérable dans la Médecine, et qui, après avoir déclaré ne pouvoir accueillir qu'avec quelque scepticisme de bactériologiste l'annonce de ces phénomènes, ajoutait : « Si c'était vrai, ce serait le plus grand progrès depuis cinq cents ans ! »

Inutile d'ajouter que M. le Dr Gustave Geley fut écouté avec la plus vive attention durant sa conférence, que nous publions dans ce même fascicule des *Annales*, organe de la Société; des applaudissements se firent entendre surtout lorsque le conférencier décerna un juste éloge à l'œuvre courageuse et intelligente des Drs Clarac et Llaguet, et lorsqu'il termina en exprimant l'espoir que ces expériences puissent être continuées avec la plus stricte méthode scientifique.

(*Annales des Sciences psychiques*, octobre 1912).

ÉTRANGE PHÉNOMÈNE!

Voici bien un des phénomènes les plus extraordinaires que la science ait eu depuis longtemps à enregistrer. Il faut véritablement que nous ayons pour garant le contrôle de savants qualifiés, pour livrer à la grande publicité une observation aussi surprenante.

A la suite d'un remarquable rapport, ayant pour auteurs deux praticiens de Bordeaux, d'une honorabilité parfaite et d'une science incontestée, les Drs Clarac et Llaguet, un de nos confrères d'Annecy, le Dr Gustave Geley, s'est livré à une enquête des plus approfondies sur le sujet dont nous voudrions, après lui, vous entretenir.

Il s'agit d'une dame, que nous appellerons Mme X... ; celle-ci, d'ailleurs, désire garder l'incognito le plus strict. Cette Mme X... jouit de l'étrange faculté de momifier, *avec un succès constant*, quantité d'organismes, végétaux ou animaux.

Elle procède de la façon suivante : après avoir disposé sur une table et bien étalé les objets à influencer, elle place ses deux mains au-dessus d'eux, à quelques centimètres de distance; de temps à autre, elle retourne les dits objets, mais cette manœuvre ne semble pas indispensable, son ambiance immédiate est suffisante.

Les séances durent un quart d'heure environ; elle en fait tout au plus deux dans la journée. Après chaque séance, elle enveloppe les objets dans une feuille de papier, et on les range ensuite sous clef, dans un placard où personne ne peut les approcher.

Pendant qu'elle opère, Mme X... cause tranquillement et, après l'opération, elle ne manifeste aucune fatigue consécutive.

Lumière naturelle ou lumière artificielle, été comme hiver, quelles que soient les conditions atmosphériques ou climatériques, les expériences aboutissent toujours : les plantes sont rapidement stérilisées; elles se dessèchent en conservant leur coloris; les petits animaux ne subissent pas la moindre putréfaction.

Poissons, mollusques, crustacés, et même des bêtes d'un volume plus considérable, tels qu'une belette, un chien, ont présenté les caractères d'une momification absolue, d'une conservation parfaite. Ils offrent l'apparence de la mort récente et ne dégagent aucune odeur. L'animal est aussi bien, sinon mieux conservé que s'il avait été empaillé.

* * *

Ce qui suit est plus déconcertant encore :

« Si l'on soumet à Mme X... un cadavre déjà en pleine putréfaction, cette putréfaction est arrêtée net en deux ou trois séances; l'odeur disparaît et la dessiccation commence. Quand le cadavre contient des parasites, tels que des larves de mouches, ces parasites ne semblent plus pouvoir vivre dans leur milieu d'élection; dès les premières séances, on voit les larves abandonner à la hâte leur proie et venir autour d'elle, où elles meurent rapidement, pendant que cette dernière se momifie. »

Il n'y a pas que la fermentation putride qui soit enrayée par Mme X...; elle a également le pouvoir d'empêcher la fermentation acétique du vin, de retarder la fermentation alcoolique du glucose. Il suffit qu'elle touche des oranges, des fraises, fruits qui se moisissent et se décomposent si facilement, pour que ceux-ci se conservent.

« Si vous étiez marchande de gibier, vous conserveriez votre marchandise », disait à la dame, en plaisantant, une de ses amies; le fait est que les bêtes à poil ou à plumes tuées depuis quelques jours ou quelques semaines et soumises à son influence ont toutes les apparences de la fraîcheur; elles sont desséchées, mais intactes.

Le cas de Mme X... est-il unique? Il nous en a été révélé un second, sensiblement analogue au sien.

« Je connais, nous écrivait récemment un de nos confrères de la presse quotidienne M. Hutin, une jeune fille de vingt et quelques années, d'une santé exubérante et d'une forte constitution, qui semble avoir la propriété de conserver les fleurs qu'on lui donne. Il y a eu des exemples de chrysanthèmes qu'elle a fait durer quarante et un jours, simplement en les ayant auprès d'elle; d'œillets en boutons qui ont fleuri; de chèvrefeuille, complètement vert, devenu bouton et fleur, etc »

Retenez bien ceci : pas plus que la demoiselle en question, Mme X... n'est une névropathe. Elle est, au contraire, d'une santé, physique et psychique, excellente; d'autre part, sa bonne foi est entière, son dévouement sans limites : elle se prête, de la meilleure grâce du monde, à tous les essais, à toutes les expériences auxquelles on la soumet. En un mot, ni tares nerveuses ni supercherie. Quelle est, alors, l'explication du phénomène?

* * *

Est-il spontané ou ne se produit-il qu'en présence du sujet?

Sans doute, les momifications d'organes ou d'organismes peuvent se produire spontanément; mais, outre que ces momifications spontanées sont rares, elles sont, le plus souvent, dues à l'intervention d'agents physiques ou chimiques déterminés : ainsi l'irradiation solaire peut les produire; de même certains terrains jouissent de la propriété de maintenir les cadavres à l'abri de la putréfaction.

Mais, en l'espèce, rien de semblable. L'action stérilisatrice est uniquement produite par Mme X... ; c'est elle-même l'agent stérilisateur ; la preuve en est que des organismes qui ont été soustraits à son influence se sont putréfiés, alors que d'autres de même espèce, soumis à son contact, n'ont pas subi de modifications. Il semble donc bien que l'action de Mme X... favorise la résistance des tissus, les rende inaptes à la décomposition ; qu'elle empêche ou, du moins, qu'elle gêne suffisamment la pullulation des parasites, microbes ou autres, pour que la dessiccation l'emporte sur la putréfaction.

Est-ce de la radiation vitale, du magnétisme humain? Ces effluves, ce fluide sont-ils visibles, pondérables? Ils échappent, jusqu'à présent du moins, à toute constatation. Il y a cependant là, reconnaissons-nous avec M. G. Geley, « extériorisation, émission d'une force inconnue, capable d'une action organique puissante et profonde ».

Au temps des autodafés, on aurait brûlé sans hésitation Mme X... comme sorcière. A l'heure actuelle, on se contente de la faire comparaître devant un aéropage de savants qui étudient son cas avec d'autant plus de curiosité qu'il est plus en dehors du domaine de leurs observations coutumières.

Ce qui doit être plus spécialement retenu, c'est d'abord que les faits observés remontent à plus de douze ans et que les expériences se sont poursuivies, durant ce laps de temps, sans le moindre accroc ; qu'elles ont eu pour témoins des hommes d'une haute capacité, d'une loyauté insoupçonnable ; enfin, que le sujet lui-même n'accepte aucune rémunération, se dérobe à toute exhibition intéressée.

On a beau être sceptique, de pareils phénomènes sont bien faits pour dérouter notre entendement, surtout quand ils s'offrent, comme dans le cas présent, sous la double garantie de la science et de la conscience.

Dr Cabanès.

(*Petit Parisien*, 22 février 1913.)

CHRONIQUE SCIENTIFIQUE

LES RADIATIONS HUMAINES

Le corps des animaux et des végétaux n'étant pas composé de substances matérielles autres que celles que l'on rencontre dans le règne minéral, il n'est pas surprenant que les formes principales de l'énergie qui se manifestent dans les corps bruts (chaleur, lumière, électricité) se retrouvent aussi chez les êtres vivants.

C'est ainsi que tous les animaux, comme aussi tous les végétaux, produisent de la « chaleur » qu'ils rayonnent ensuite autour d'eux; très apparente chez les mammifères et chez les oiseaux, elle est plus difficile à observer dans les espèces à sang froid et dans les plantes, mais cette démonstration n'est qu'un jeu pour le biologiste armé des instruments nécessaires.

Plus rares sont les êtres qui dégagent de la « lumière »; cependant le règne animal et le règne végétal nous offrent des exemples très variés puisqu'on peut citer à cet égard des poissons, des insectes, des mollusques, des crustacés, des vers, des échinodermes, des infusoires, des fleurs, des champignons, des bactéries.

Quant à « l'électricité », qui n'a entendu parler du gymnote et surtout de la torpille? Une torpille de 30 centimètres donne un courant de 2 à 3 ampères sous une force électromotrice de 15 à 20 volts; cette électricité ne diffère en rien de celle d'une pile : elle alimente une lampe électrique, illumine des tubes de Geissler, fait détoner une cartouche de dynamite. — On sera peut-être plus étonné d'apprendre que notre propre corps est le siège incessant de courants électriques : si on relie par un fil métallique la surface extérieure d'un muscle à un point de l'intérieur; on constate au moyen d'un galvanomètre sensible que ce conducteur est traversé par un courant d'une force électromotrice très faible à la vérité (0 volt 05), mais dont cependant l'importance physiologique n'est pas niable. Les nerfs sont doués de la même propriété.

Exceptionnellement, le potentiel électrique peut prendre dans l'espèce humaine des valeurs assez grandes : ainsi les doigts d'une jeune femme de vingt-neuf ans, Mme N..., attiraient les corps légers tels que fragments de papier, rubans, etc. (*Progrès médical*, 1884). Des faits analogues ont été consignés dans une note présentée en 1846 par Arago, à l'Académie des sciences, et on en a cité depuis d'autres exemples.

* * *

Si l'être vivant produit de la chaleur, de la lumière et de l'électricité, ne serait-il pas capable aussi d'engendrer d'autres rayonnements, comme ceux que fournissent dans nos laboratoires les ampoules des Crookes ou que dégagent spontanément dans la nature les métaux dits radio-actifs tels que l'uranium, le radium ou le polonium? Dans l'état présent de la science il est plus difficile de répondre à cette question qu'aux précédentes; comme on va le voir, nous sommes dans une période de doute et de tâtonnements.

Werner a reconnu en 1906 que plusieurs de nos organes montrent une certaine photo-activité, faible d'ailleurs, et peu constante. Avant lui, Schlœpfer l'avait déjà remarquée sur le sang du lapin et autres parties du même animal. Caan, répétant ces expériences à Heidelberg, en 1911, sur l'homme, a trouvé dans les cendres d'organes très différents, et plus particulièrement du cerveau, une substance radio-active; mais il lui a été impossible de préciser s'il s'agissait du radium ou d'un corps voisin. La provenance de cette matière semblerait devoir être cherchée dans les aliments et les boissons, car sa quantité croît avec l'âge; toutefois, ce n'est qu'une simple supposition. Des analyses faites sur des végétaux ont conduit à des conclusions identiques. En général, les physiciens acceptent ces résultats, à la condition d'attribuer, avec Caan, à l'hypothétique substance radifère une origine minérale; mais ils ne sont pas disposés à admettre, soit dans la plante, soit chez l'animal, une sorte de radio-activité spéciale qui ne serait liée qu'à des propriétés vitales.

* * *

Voici des phénomènes d'une autre nature, qui paraissent révéler l'existence dans l'être vivant de modes de l'énergie encore ignorés.

Une dame de Bordeaux — nous l'appellerons Mme X..., pour respecter l'incognito absolu qu'elle tient à garder — possède la singulière faculté de stériliser, par la seule action des mains tenues à faible distance, les produits organiques les plus divers, de telle manière qu'ils restent dans la suite, et sans aucune préparation, à l'abri de toute altération : des oranges, des fraises, une foule de fruits charnus, peuvent être ainsi conservés, sans autre dommage qu'une complète dessiccation, pendant un temps illimité. La décomposition était-elle commencée? elle s'arrête. Du vin s'évapore sans fermentation; les feuilles ou les fleurettes les plus délicates ne se détachent pas de leur tige; des mollusques tels que les huîtres échappent à la putréfaction; des poissons, des oiseaux ou des mammifères de petite taille non vidés, des organes (foie, rate, reins) d'animaux plus gros, d'énormes cèpes se comportent de même. Le coloris des fleurs ou des oiseaux, loin de s'atténuer, devient plus brillant et plus vif.

Ces faits ont été soumis en 1912 à une étude méthodique de la part des Drs L. Clarac et Llaguet, de notre ville, qui ont donné à cette date, dans les *Annales des sciences psychiques* (août), un compte rendu détaillé de ces intéressantes recherches.

Le Dr Geley, actuellement directeur de l'Institut métapsychique international, s'est livré de son côté, un peu plus tard, la même année, à Bordeaux. à une enquête approfondie sur les « momifications » réalisées par Mme X..., enquête dont il a également publié les résultats, conformes à ceux des Drs Clarac et Llaguet dans le même recueil scientifique (octobre). Je renvoie à ce périodique ceux de nos lecteurs qui voudraient avoir de plus amples renseignements sur ces étranges phénomènes, dont un assez grand nombre de personnes, en plus des sagaces et consciencieux observateurs que j'ai déjà nommés, ont eu l'occasion, avant ou après 1912 , de constater l'évidente réalité.

Qu'il me soit permis de joindre mon témoignage à ceux que je viens de rapporter. Les facultés auxquelles j'ai fait allusion tout à l'heure se sont manifestées chez Mme X... il y a vingt ans, en 1900, ou du moins elle ne s'en est pas aperçue plus tôt. Dès cette année-là, elle voulut bien m'appeler, en double qualité de scientifique et d'ami de la famille, à contrôler les faits que le hasard l'avait amenée à découvrir, et depuis cette époque jusqu'à 1914, j'ai multiplié les expériences avec un succès constant : son influence bizarre sur les matières organiques est indiscutable. Ce premier point ayant été vite établi, je m'étais en outre préoccupé de l'existence éventuelle d'autres effets d'ordre mécanique, physique ou chimique. Je dois dire que, de ce côté, je n'ai rien obtenu de saillant : pas d'attraction ni de répulsion sur les corps légers, pas d'action sur l'aiguille aimantée, ni sur l'électroscope à feuilles (neutre ou chargé), ni sur des écrans fluorescents ou phosphorescents; il faut donc, je crois, écarter l'hypothèse d'un champ magnétique, électrique, ultra-violet, etc.

J'ai pu impressionner des plaques photographiques, à travers des papiers opaques, par une longue apposition de la main : mais les erreurs imputables à la chaleur, à l'humidité, etc., toujours à craindre dans ce genre d'observations, sont si difficiles à éliminer que les résultats enregistrés jusqu'à présent ne me paraissent pas assez convaincants ; j'ajoute que je ne les considère pas comme définitifs, et que cette partie des expériences est à reprendre.

En résumé, nous nous trouvons en face d'un rayonnement de nature inconnue, de cause énigmatique, et qui semble exercer surtout, sinon uniquement, une action stérilisatrice. Le retrouvera-t-on un jour dans les corps bruts? Restera-t-il l'apanage exclusif et exceptionnel de la matière vivante? La science est muette aujourd'hui à ce sujet, mais on peut espérer, vu l'impulsion actuelle donnée aux études psychiques, qu'elle ne tardera pas à éclaircir cette question.

J.-Marcel Soum,
Docteur ès sciences, agrégé de l'Université.

(*Petite Gironde*, 9 avril 1921.)

CONCLUSION

Avec le même désir de comprendre que le Dr Badiole, ami de la famille de Mme X..., qui, depuis 1900, s'intéressa vivement aux longues et patientes recherches scientifiques de M. Soum, puis aux savantes expériences des Drs Clarac et Llaguet et à celles du Dr Geley, j'ai apporté à l'étude de ces recherches le plus grand intérêt.

Tous deux, en voyant la grande quantité d'objets momifiés lors des expériences et qui, malgré les longues années écoulées, s'étalent sous nos yeux sans altération aucune, nous nous demandons si, de même qu'il y a des terrains qui conservent les corps comme le caveau Saint-Michel de Bordeaux, et des eaux qui pétrifient, s'il n'y a pas aussi, chez certains êtres humains, un fluide assainissant et conservateur.

Que de choses à découvrir dans la nature ! Chaque jour nous voyons des savants par leurs recherches, élargir petit à petit le cercle des horizons scientifiques et nous ne saurions trop les féliciter, les applaudir et leur faire honneur !...

Dr H. Pruvost,
Pharmacien de 1re classe,
Membre de la Société de Thérapeutique
et de la Société Chimique de Paris.

Bordeaux. — Impr. Gounouilhou, 9-11, rue Guiraude.

www.ingramcontent.com/pod-product-compliance
Ingram Content Group UK Ltd.
Pitfield, Milton Keynes, MK11 3LW, UK
UKHW022150170726
13837UKWH00004B/1906